AF296111

DE LA GONORRHÉE

CHRONIQUE ET RÉCENTE

CHEZ LES DEUX SEXES,

ET

DE LA MANIÈRE

DE LA GUÉRIR PROMPTEMENT ET RADICALEMENT

PAR UN PROCÉDÉ TOUT-A-FAIT NOUVEAU ET INCONNU.

PAR F. TADINI.

DOCTEUR EN MÉDECINE ET CHIRURGIEN GRADUÉ DE L'UNIVERSITÉ DE PAVIE,
ET AUTEUR DE PLUSIEURS OUVRAGES DE MÉDECINE.

A PARIS.

CHEZ L'AUTEUR, RUE VILLEDOT, 12.

1834.

DE LA GONORRHÉE

CHRONIQUE ET RÉCENTE

CHEZ LES DEUX SEXES,

Et de la manière de la guérir promptement et radicalement, par un procédé tout-à-fait nouveau et d'une application facile.

La médecine, comme beaucoup d'autres sciences, doit au hasard bon nombre de ses découvertes. Un fébricitant du Pérou, ayant été forcé de boire de l'eau pluviale conservée dans le vieux tronçon d'un arbre de *cinchona officinalis*, pour apaiser la soif ardente qui le dévorait, se trouva subitement guéri, et communiqua ensuite à ses compatriotes la propriété médicinale de cette plante contre les fièvres intermittentes. — Le hasard a porté le docteur Jenner à observer que dans le Gloucestershire les personnes employées à tirer le lait des vaches étaient sujettes à des éruptions pustuleuses aux mains, et jamais à la petite vérole. Ce fait lui fit naître, quelque temps après, l'idée que les pustules vaccines pouvaient bien être un préservatif contre l'infection de la petite vérole.— Ce fut de même le hasard qui me fit découvrir, il y a *dix ans*, la préparation antigonorrhoïque qui forme le sujet de cette dissertation.

Mon traitement a sur les autres l'avantage de ne pas troubler l'économie animale, de dissiper dans un temps bien plus court et l'inflammation et l'écoulement, et d'être toujours d'un effet sûr et immanquable, soit dans la gonorrhée chronique, soit dans la récente.

Son application est tout-à-fait locale, et n'exige pour traitement coopératif que deux ou trois bains chauds. — Les faits que je vais présenter à mes lecteurs prouveront l'exactitude de ce que j'avance à ce sujet.

Mes premières observations furent faites en Angleterre, où j'ai été obligé de séjourner bon nombre d'années par suite d'une persécution politique la plus violente, et où j'ai examiné pendant quatre années consécutives tous les phénomènes qui accompagnaient ou suivaient l'application du médicament que j'ai découvert, sans rien communiquer ni aux médecins ni au public. —Ce ne fut qu'après avoir traité au moins trois cents malades, et les avoir vus tous promptement et radicalement guéris, que, persuadé de la constante et invariable efficacité de mon remède, j'ai commencé d'en parler à mon excellent ami le docteur James Sommerville, au docteur Duncan, au jeune docteur Grégory et au célèbre docteur Brodie, à qui je fus présenté par le docteur Sommerville, et en présence duquel Brodie m'a communiqué à ce sujet un fait bien curieux.

Après m'avoir demandé si ma préparation ne contenait aucune substance minérale, il ajouta avoir connu, quelques années avant, à Londres un médecin, membre du collége de médecine de la même ville, qui possédait le secret d'un médicament doué des mêmes propriétés, et qui le faisait vendre au prix d'une guinée comme propriété d'un de ses amis, afin d'éviter d'être éliminé du collége de médecine (1). Ce malheureux médecin fut un beau matin

(1) Par un article du règlement du collége de médecine de Londres, il est défendu à tous ses membres de vendre ou faire vendre pour leur compte un remède secret quelconque, sous peine d'être rayé et éliminé du collége

trouvé mort dans son lit ; et les soupçons ne manquèrent pas de faire croire qu'on l'avait empoisonné. Le secret fut ainsi perdu avec lui.

Le même docteur Brodie ayant entendu, deux ans après, que j'étais presque décidé de passer dans l'Amérique espagnole, me fit prier de passer chez lui, et me fit sentir que, dans le danger de perdre une autre fois le secret, il aurait été bien de laisser en dépôt chez un notaire d'Angleterre ou de France la composition de ma préparation : ce que je lui ai promis sans aucune difficulté.

Je commencerai par la narration de plusieurs cas de gonorrhée chronique, ou écoulement urétral chronique, qui avaient résisté depuis plusieurs mois et même plusieurs années à toutes sortes de traitemens.

Ier. CAS. — Londres, 20 avril 1824, gonorrhée maligne ; le sieur P. R., tailleur, arrivé en Angleterre depuis quelques jours, vint me voir pour me consulter sur un écoulement urétral qui le gênait depuis trois ans, et qui avait résisté à tous les traitemens qu'il avait employés soit en Italie soit en France. Ce jeune homme, de l'âge de vingt à vingt-deux ans, avait passé deux années à Paris, où il avait vécu assez en libertin, ne se soumettant que de temps à autre pour quinze jours à un traitement, c'est-à-dire quand, par suite de nouveaux excès, il éprouvait des cuissons tout le long de l'urètre. — Il avait avalé beaucoup de baume de copahu en Italie. En France il avait pris tisanes sur tisanes, potions sur potions, injections de toutes sortes ; l'inflammation s'en allait au bout de quelques jours, mais l'écoulement persistait toujours. Depuis son arrivée à Londres il s'était livré à de nouveaux désordres. Aussi son écoulement était augmenté, il éprouvait de la douleur au périnée pendant l'émission des urines, ainsi que des cuissons dans le gland.

Examiné, il présentait écoulement abondant d'une matière épaisse, verdâtre, l'urètre était tendu et douloureux à la compression, son orifice rouge et enflammé. Les glandes inguinales n'avaient jamais été engorgées ; le malade avait bonne mine et bon appétit. C'était plutôt la peur que cet écoulement perpétuel eût à la longue des suites fâcheuses qui l'avait décidé à demander mes conseils, que son état morbide actuel. Je lui conseillai de commencer tout de suite les injections et de les répéter sept ou huit fois dans la journée, ayant soin de retenir chaque fois quatre ou cinq minutes le liquide dans l'urètre, sans faire usage d'ailleurs de tisanes ni de médicamens d'aucune autre espèce, et s'abstenir du coït ainsi que de tout exercice violent. L'écoulement cessa entièrement dans l'espace de huit jours. L'urine venait à plein canal et sans aucune douleur. Il ne voulait plus entendre parler d'injections. Quatre ou cinq jours après l'écoulement revint ; il fut aussitôt me voir pour me demander de la préparation. Il continua pendant encore une vingtaine de jours à faire des injections trois fois par jour. L'ayant bien examiné, vers la fin de mars, j'ai trouvé que cette épaisseur de l'urètre, qu'on rencontre toujours dans la gonorrhée chronique, était tout-à-fait dissipée ; la chemise qu'il portait depuis trois jours ne présentait plus de taches. La compression de l'urètre ne faisait sortir aucune mucosité ; *la grosse goutte du matin* non plus ne s'était jamais présentée. Cet individu a été me consulter à Paris, le mois de février 1831, pour une gonorrhée qu'il avait contractée, après avoir passé en revue plusieurs des courtisanes ambulantes du boulevart. Cette gonorrhée, qui était assez aiguë, et même accompagnée d'inflammation et d'engorgement prononcé de la prostate, a été aussi traitée et promptement guérie par les injections de ma préparation, et deux bains chauds.

IIe. cas. — Londres, 20 novembre 1826. M. B..., mon compatriote, m'adressa à cette époque un jeune Anglais qui arrivait de Paris, où il avait contracté une gonorrhée qui avait résisté pendant un mois à l'usage de beaucoup de remèdes. Les symptômes inflammatoires étaient disparus dès les premiers quinze jours , mais il lui restait toujours un écoulement urétral épais, verdâtre, et assez abondant ; il était très-chagrin d'être forcé de se rendre à Cambridge, sans être débarrassé de cette maladie. Examiné , il présentait écoulement urétral épais, verdâtre, qui laissait, chaque vingt-quatre heures, des taches nombreuses sur la chemise ; l'érection ainsi que l'excrétion des urines n'étaient accompagnées d'aucune peine ; l'urètre pourtant était dans cet état de tension et de grosseur qu'on observe toujours dans la gonorrhée chronique. Je lui conseillai d'user tout de suite des injections urétrales , huit fois par jour, pour quatre jours consécutifs, sans changer en rien sa manière de vivre. M. D... vint me revoir cinq ou six jours après pour me demander une autre petite bouteille. L'écoulement était terminé. Seulement le matin , en comprimant l'urètre, il voyait sortir une grosse goutte d'une matière jaunâtre, épaisse comme de la crème. Je lui conseillai de continuer les injections encore pendant dix ou quinze jours, mais seulement matin et soir.

Avant de partir pour Cambridge, M. D... vint me trouver de nouveau pour avoir de la préparation, qu'il désirait emporter avec lui au collége pour éviter tout accident. Il me dit, dans le même temps, que son écoulement n'était plus revenu, quoiqu'il eût fait des excès et de table et du lit. Ce monsieur a encore contracté des autres gonorrhées ; il ne s'est jamais traité qu'avec les injections urétrales, et il s'est trouvé toujours promptement guéri. C'était un homme qui avait le cervelet très-développé.

IIIe. cas. — Londres, 10 janvier 1829. Le sieur M..., cuisinier chez un artiste très-distingué du Théâtre-Italien de Londres , ayant entendu parler de l'efficacité du médicament qui est l'objet de cette dissertation , vint me consulter pour savoir si l'application de ma préparation pouvait convenir à son cas. Visité, j'ai rencontré écoulement urétral abondant, d'une matière jaune et épaisse , qui laissait des taches relevées sur la chemise ; il n'avait ni difficulté , ni peine dans l'émission des urines, ni douleur dans l'érection , malgré que l'urètre fût assez tendu et bien plus gros que dans l'état normal. Cet écoulement existait depuis trois ans. Il avait éprouvé , au commencement de l'infection , un peu d'engorgement aux glandes inguinales, qui avait bientôt cédé au traitement qu'on lui avait conseillé à Paris.

Cet individu m'a assuré avoir subi un grand nombre de traitemens , qui lui furent conseillés par les médecins les plus recommandables. Il avait pris une grande quantité de décoction de salsepareille , et plusieurs sels mercuriels , mais toujours sans résultat. L'écoulement diminuait , mais il ne disparaissait pas ; c'étaient toujours cinq ou six grosses taches sur la chemise chaque vingt-quatre heures. S'il faisait une partie de campagne , s'il se permettait le plus léger écart de régime, s'il passait la nuit avec une femme, l'écoulement était énorme. Malgré tout cela , la santé générale n'a pas été attaquée , la digestion a été toujours bonne, aucune ulcération , aucun exostose ne s'est jamais développé.

Je lui ai conseillé de faire usage tout de suite des injections , ayant soin de retenir le plus long-temps possible le liquide dans l'urètre. Après huit jours d'injections répétées quatre ou cinq fois par jour, l'écoulement avait cessé. Se croyant déjà parfaitement guéri, il n'a pas voulu continuer les injections. Huit jours après, l'écoulement est reparu ; il vint bientôt me voir, pour me demander de la préparation. Il continua ainsi encore, pen-

dant douze à quinze jours les injections, après quoi il se
trouva radicalement guéri. L'ayant visité quelques jours
après, la corde urétrale était tout-à-fait dissipée et
revenue à l'état normal. Ce cas est extraordinaire pour
la quantité de pus qu'on avait vu sortir de l'urètre. Je
pense que la membrane muqueuse ne devait être qu'une
spongiosité informe. Malgré tout cela, la guérison a été
rapide et parfaite. J'ai encore rencontré cet individu le
15 février 1834, à Paris ; il venait d'Italie avec son maître.
L'ayant interrogé si l'écoulement avait reparu après mon
départ de Londres, il m'a répondu que depuis le mois de
février 1829, il n'avait plus souffert d'écoulement urétral.

IVe. cas. — Paris, 20 juin 1831. Un jardinier, âgé de
quarante-six ans, me fut adressé par M. le docteur Moncourier, un des médecins les plus distingués de la capitale,
à qui j'avais eu l'honneur d'être présenté par M. Balin,
chirurgien, et de lui parler de mon invention pour la
cure de la gonorrhée. Cet homme, qui avait été militaire,
se trouvait affecté d'écoulement urétral depuis vingt ans.
Il s'était marié, et sa femme s'est bientôt vue affectée
d'écoulement vaginal. Deux ou trois fois il avait été attaqué d'orchitis (inflammation des testicules), qui s'était
dissipée sous un traitement approprié, sans que l'écoulement urétral eût éprouvé aucun changement remarquable.

Il avait été soumis, à différens intervalles, à une grande
variété de traitemens, soit dans les hôpitaux, soit chez
lui, mais sans résultat. Aucun symptôme de siphilis ne
s'était développé pendant ce long espace de temps. L'é-
coulement augmentait sensiblement s'il prenait quelques
verres de vin de plus, ou s'il se permettait d'aller le
dimanche faire une promenade jusqu'à Sèvres ou à
Saint-Cloud.

Examiné, il présentait écoulement urétral abondant,
avec tension et sensibilité de l'urètre, et rougeur à son
orifice ; la matière de l'écoulement verdâtre, épaisse ; les

glandes inguinales dans l'état normal ; l'émission des urines facile, mais accompagnée d'une sensation de cuisson à la fosse naviculaire et à l'orifice de l'urètre. Je lui ordonnai de commencer tout de suite les injections, que moi et le docteur Balin lui apprîmes à faire, et de les répéter cinq ou six fois par jour, pendant cinq ou six jours, puis revenir nous voir. Je lui défendis de voir sa femme, et je lui donnai une bouteille pour faire aussi à elle des embrocations au vagin, avec de la charpie trempée dans la préparation.

Six jours après notre jardinier vint chez le docteur Balin. L'écoulement était sensiblement diminué. On lui a donné encore de la préparation. Au bout de vingt jours il était parfaitement guéri. Je l'ai examiné en présence du docteur Balin : l'urètre avait repris son état mou et membraneux ; une compression continuée ne faisait plus rien sortir. Sa femme était aussi libre tout-à-fait. Nous avons envoyé le malade chez M. le docteur Moncourier, pour qu'il vérifiât le changement survenu.

Le cas de ce jardinier est le plus remarquable que j'aie observé pendant l'espace de huit années. En Angleterre, on l'aurait considéré comme tout-à-fait incurable. En France, il ne lui restait plus qu'à se soumettre à la suppuration urétrale. Ce cas m'a prouvé jusqu'à l'évidence que le virus gonorrhoïque peut séjourner long-temps dans l'urètre sans apporter aucun désordre dans l'économie animale. Cette gonorrhée a dû être de son commencement ce que j'appelle gonorrhée maligne.

V^e. CAS. — Paris, 25 mai 1833. Un maître tailleur étranger, ayant entendu d'une de ses pratiques parler de ma préparation, vint me consulter aujourd'hui pour savoir si mon médicament aurait pu le débarrasser d'une gonorrhée qui le molestait depuis neuf mois. Cet individu, âgé de 26 à 28 ans, vivait maritalement depuis un an avec une jeune femme qui avait un écoulement vaginal. Examiné, j'ai trouvé l'urètre très-tendu, volumineux et douloureux à la compression ; son orifice était aussi rouge et enflammé. Le passage des urines se faisait avec facilité, mais il excitait des cuissons dans le gland. Cet homme était très-effrayé des suites qu'une telle maladie pouvait avoir, plutôt que des symptômes présens. Il avait appliqué plusieurs fois les sangsues le long de l'urètre, il avait pris deux fois la potion de Chopart, ainsi que plusieurs autres préparations antigonorrhïques : l'écoulement avait résisté à tout. Les glandes inguinales étaient dans leur état normal. Je lui conseillai de commencer tout de suite les injections, de les répéter six fois par jour et de s'abstenir du coït pour un mois au moins. Je lui conseillai dans le même temps de faire faire des embrocations au vagin à sa compagne de lit avec la même préparation. Cet individu a employé trois bouteilles de préparation, et au bout de vingt jours s'est trouvé parfaitement guéri. Le même est arrivé de la femme ; elle me l'a assuré plusieurs fois à l'occasion que je la traitai des maladies de toute autre nature. Cette gonorrhée était aussi de nature maligne à son apparition.

VIe. cas. — Paris, 26 août 1833. Aujourd'hui un gentleman italien, arrivé depuis peu à Paris, vint me consulter pour savoir si mon médicament pourrait convenir pour le débarrasser d'une gonorrhée qui l'incommode depuis dix mois. Monsieur est très-effrayé de l'usage des injections urétrales, parce que le docteur Panizzi, professeur d'anatomie à l'université de Pavie, qui l'a traité il y a neuf mois de cette même gonorrhée, lui aurait dit que les injections dans l'urètre étaient toujours dangereuses, et qu'il serait même nuisible d'injecter les liquides les plus émolliens. Je fis observer à M.** que cette opinion me paraissait tout-à-fait erronée, et que l'urètre qui souffrait continuellement le passage des urines, et souvent celui des cathétères et des sondes, sans éprouver d'irritation prolongée, pouvait bien admettre sans danger les injections d'une substance muqueuse végétale qui, par une longue expérience, a démontré n'avoir jamais excité par sa présence aucun degré d'inflammation. Interrogé si l'écoulement augmentait ou diminuait en raison de la manière de vivre, il me répondit que la chose arrivait effectivement de cette manière; que quand il voyageait, quand il faisait des excès de table, l'écoulement augmentait extraordinairement, et qu'une fois, s'étant livré pendant deux ou trois heures à l'exercice de l'escrime, il fut dans la journée attaqué d'orchitis qui dura plus d'un mois. Examiné, j'ai rencontré écoulement épais et jaunâtre, sans difficulté ni douleur à émettre les urines. Il n'y avait pas beaucoup de tension urétrale ni rougeur au méat urinaire. La matière n'était pas en grande quantité. Je lui ai conseillé de commencer tout de suite les injections et de les répéter cinq à six fois par jour pour une semaine, et après venir me voir. M. Mag. est revenu me voir quinze jours après (29 août), pour m'annoncer que l'écoulement était disparu après une semaine d'injections, mais que, depuis deux jours, il avait recommencé, et qu'il ne savait pas s'il devait attribuer cette réapparition à la marche naturelle de la maladie, ou d'avoir vu des femmes quelques jours avant.

Mon opinion fut que l'écoulement serait reparu même sans voir des femmes, parce que les injections n'avaient pas été assez continuées. M. M... cette fois s'est soumis sans difficulté aux injections qu'il a continuées pendant dix ou douze jours, après quoi il fut radicalement guéri.

Un mois après, ayant rencontré M. M. chez un ami, il vint à moi pour me dire que depuis vingt jours l'écoulement n'était pas revenu, malgré qu'il avait vu trois ou quatre fois des femmes.

Cette espèce de gonorrhée n'étant pas accompagnée de gonflement et tension permanens de l'urètre, ne doit pas être classifiée dans les gonorrhées malignes.

VIIe. cas. —22 février 1834. Un Parisien, habitant la rue Vivienne, âgé de vingt-quatre à vingt-six ans, vint me voir ce matin pour me consulter sur un écoulement urétral qui l'incommode depuis quatre ans. Tout le monde lui ayant dit que la gonorrhée chronique ne se communique pas, il s'est marié il y a huit mois, et sa femme s'est bientôt plaint d'écoulement et de cuissons dans le vagin. Interrogé si pendant cet intervalle de temps il n'a jamais eu de bubons aux aines ou des chancres au prépuce ou sur le gland, il m'a dit n'avoir jamais éprouvé que des cuissons dans l'émission des urines et particulièrement dans le gland, avec écoulement abondant et érection douloureuse. L'écoulement a été plusieurs fois anéanti, dissipé ; mais s'il se laissait aller à boire quelques verres de vin de plus, s'il allait danser, il reparaissait avec une nouvelle intensité ; s'il se livrait au coït, le voilà revenu en abondance. Il avait usé d'un grand nombre de remèdes, tels que la potion de Chopart, celle de Guérin, les préparations de Cubebs, et même plusieurs sels mercuriels, et jusqu'au sublimat ; mais la *goutte militaire* a résisté à tout. Depuis le mariage l'écoulement était augmenté. Examiné, j'ai rencontré écoulement verdâtre, épais et assez abondant ; urètre tendu et sensible à la compression ; l'émission des urines est facile, mais accompagnée de sensation de chaleur dans le gland. Je lui conseillai de se soumettre tout de suite aux injections urétrales, comme dans les autres cas, à s'abstenir du coït, et éviter de faire de grandes courses. Je lui conseillai aussi de faire guérir sa femme, moyennant des embrocations dans le vagin : ce qu'il promit d'exécuter.

Le 8 février, ce malade vint de nouveau me voir, pour me dire que sa femme n'avait plus ni écoulement, ni cuissons vaginales , et que, quant à lui, il ne voyait plus qu'une petite goutte le matin. Désirant savoir s'il aurait pu continuer les injections sans danger, je lui répondis que la continuation des injections était de toute nécessité, sans quoi l'écoulement serait bientôt reparu. Il continua encore pendant douze ou quinze jours à injecter matin et soir. Je le revis le 8 mars ; il était venu me consulter pour une légère affection de poitrine ; la chemise qu'il usait depuis cinq jours ne portait aucune tache de pus. Ce sujet n'a jamais présenté aucun des symptômes de siphilis ; l'urètre non plus ne présentait aucun degré de rétrécissement. La santé générale n'avait pas été attaquée. C'était aussi une gonorrhée maligne.

VIIIe. cas. — Paris, 15 décembre 1833. Un jeune homme, Américain, me fut adressé par mon ami, le capitaine Funk, commandant d'un des paquebots de la station américaine du Havre. Ce jeune homme, qui paraissait n'avoir pas plus de vingt-deux ou vingt-trois ans, avait le dehors d'un des hommes les plus sains et bien portans qu'on puisse s'imaginer ; il m'a dit être tourmenté depuis deux ans d'un écoulement urétral assez abondant, qui lui est resté après une violente gonorrhée qui fut traitée par les sangsues , les bains, les tisanes, le baume de copahu et mille autres choses. Il avait consulté, pendant l'espace de dix-huit mois, un grand nombre de médecins américains et français ; puis, fatigué de n'obtenir aucun résultat, il a abandonné depuis six mois toute sorte de traitement.

L'écoulement augmente sensiblement s'il fait des parties de chasse ou de table , s'il voit des femmes. Il diminue s'il reste chez lui quelques jours ; il n'a jamais souffert de stranguries , ni iscuries ; l'urine vient à plein canal , mais toujours excitant de la chaleur dans le gland ; les glandes inguinales ne furent jamais engorgées ; quand l'écoulement augmente, l'érection devient douloureuse.

Je lui conseillai de faire usage des injections avec ma préparation, pendant un mois, trois fois par jour. Il partit deux jours après pour l'Amérique, emportant avec lui la quantité de médicament nécessaire pour un tel objet. Il m'a promis de me faire savoir le résultat.

J'ai rapporté ce cas de gonorrhée maligne, que beaucoup de médecins appelleraient gonorrhée, ou blennorrhagie siphilitique, uniquement pour constater de plus en plus que la présence du virus gonorrhoïque dans l'urètre peut se continuer pendant un temps très-long, sans donner naissance à aucun des symptômes qui accompagnent la siphilis, ni apporter aucun désordre dans les principales fonctions de l'économie animale.

Jamais un ulcère siphilitique ne pourrait se prolonger pour un si long espace de temps sans engendrer bubons et exostoses.

IXe. cas. — Un de mes amis les plus intimes, venu dernièrement du Mexique à Paris, vint m'exposer qu'il avait depuis cinq ans un écoulement urétral abondant. Que, à la vérité, il n'avait pas employé beaucoup de médicamens pour s'en débarrasser, parce qu'il ne l'avait jamais beaucoup gêné ; mais qu'il était effrayé d'avoir, ou d'être près d'avoir un rétrécissement. Il avait consulté à ce sujet, à son passage à Londres, le docteur *Courtenay*, et il avait même acheté son mémoire sur les rétrécissemens de l'urètre (1). Interrogé si le jet des urines était mince, il me répondit qu'il n'a pas remarqué de diminution dans le jet depuis la maladie. Un jour il vint déjeuner chez moi, et ayant pris beaucoup de thé, il se sentit envie d'uriner, ce qu'il fit en ma présence avec un jet même très-plein. M... fit usage des injections pendant

____

(1) Practical observations on strictures of the urethra and rectum, etc. By C.-B Courtenay. — M. D. London, 1829.

un mois, et fut parfaitement guéri. Il me fit alors présent du mémoire du docteur Courtenay.

Je pourrais remplir un gros volume si je faisais ici la narration de tous les cas de gonorrhée chronique que j'ai traitées et promptement guéries, pendant l'espace de dix ans, par l'application locale de la préparation sus-indiquée, sans que jamais le plus petit inconvénient soit survenu, ni pendant ni après l'usage des injections.

Mes nombreuses observations sur cette affection m'ont conduit à distinguer trois espèces d'écoulemens chroniques de l'urètre, c'est-à-dire le gonorrhoïque, le siphilitique et le prostatique. Les cas que nous avons rapportés pré-cédemment caractérisent la première espèce. Elle ne peut pas être confondue avec l'écoulement siphilitique, qui tire toujours sa source de la présence d'un ulcère siphi-litique dans l'urètre. Cette seconde espèce est assez rare. Sur près de trois cents cas de gonorrhées, que j'ai eu occasion de traiter, je n'ai découvert que quatre cas d'é-coulemens siphilitiques.

La troisième espèce, l'écoulement prostatique, est encore plus rare. C'est un écoulement très-clair; c'est comme une solution légère de gomme arabique dans de l'eau; elle est toujours accompagnée ou d'engorgement visible de la prostate, ou de sensibilité morbide de la même glande.

Je donnerai, à la fin de cette dissertation, l'histoire des cas que j'ai observés, des deux dernières espèces d'é-coulemens.

Nous parlerons à présent de la gonorrhée récente, appelée vulgairement *chaude-pisse*. Nous ne choisirons que des cas accompagnés d'inflammation urétrale bien constatée, c'est-à-dire de gonorrhée virulente, urétrite aiguë, blennorrhagie aiguë, etc.

Ier. CAS. — Londres, 20 août 1824. M. Al.., âgé de

vingt-six ans, me fut adressé par mon compatriote et excellent ami M. Ambroise Obicini, négociant établi à Londres, et un des hommes les plus bienfaisans que j'ai connu de ma vie, pour l'assister de mes conseils, pour une gonorrhée qu'il avait contracté depuis deux jours. M. Al... était dans un état d'alarme difficile à concevoir, étant guéri seulement depuis un mois d'une orchitis grave survenue pendant une gonorrhée, et qui l'avait retenu au lit pendant quarante jours. — Examiné, il présentait écoulement abondant, fréquente envie d'uriner, urètre douloureux et tendu, méat urinaire rouge, sensation douloureuse permanente dans le gland, érection très-sensible. M... était effrayé de voir revenir l'inflammation des testicules. A cette époque, mes observations ne regardaient que les gonorrhées chroniques ; mais le résultat avait été si prompt et si décisif, que je crus que l'analogie m'autorisait à traiter de même la gonorrhée aiguë : j'ai donc conseillé M. Al... de se soumettre immédiatement aux injections urétrales ; je le fis même commencer en ma présence.

Trois jours après M. A... vint me revoir. Il avait fait près de vingt-quatre injections. La fréquente envie d'uriner était dissipée, l'érection n'était plus douloureuse, l'écoulement était moins abondant ; je lui conseillai de continuer encore pendant cinq ou six jours les injections, mais seulement trois fois les vingt-quatre heures. Au bout d'une semaine il était parfaitement guéri. Aucun commencement d'attaque aux testicules n'avait eu lieu ; chose très-rare dans les individus qui ont été autrefois affectés d'orchitis

M. Al... a contracté plusieurs gonorrhées pendant son séjour à Londres. Il riait quand il se voyait infecté ; il commençait tout de suite les injections, sans même me demander d'avis. Cet individu a fait au moins trois cents injections pendant sept à huit ans. Jamais la plus petite inflammation ne s'est éveillée à l'urètre. Ce cas est pour moi d'un grand poids, en faveur de l'innocuité de l'injection de mon médicament.

IIe. cas. — Londres, 20 avril 1826. Un Français, jeune et robuste, employé dans une lithographie, vint me consulter sur l'emploi du médicament de mon invention, pour se guérir d'une gonorrhée qu'il avait contractée depuis vingt jours, mais qui, depuis trois jours, le tourmentait beaucoup, l'érection étant presque permanente et douloureuse. Examiné la localité, il présentait écoulement abondant, fréquente envie d'uriner, et peine à émettre les urines ; la verge présentait cet état d'érection courbe, qu'on appelle en Italie *incordatura*. Le jeune homme, qui avait un grand développement du cervelet, avait continué à voir des femmes à droite et à gauche malgré la gonorrhée. C'était seulement depuis trois jours que l'approche des femmes lui était devenue impossible par l'extrême douleur du pénis.

Je le soumis tout de suite aux injections, que j'ai commencé à lui faire exécuter en ma présence, et que je lui recommandais de répéter toutes les trois heures. Je lui recommandai aussi de prendre un bain chaud par jour, et trois fois consécutives, avec diète absolue.

Au troisième jour l'*incordature* était dissipée, l'excrétion des urines se faisait sans douleur. Huit jours après il était radicalement guéri.

IIIe. cas. — Londres, 5 mai 1827. Un garçon tailleur Allemand ayant eu connaissance de ma méthode de traitement, se rendit chez moi, *King street soho*, pour se faire traiter d'une gonorrhée qu'il avait contractée depuis huit jours. Il présentait écoulement abondant, émission fréquente et pénible des urines, semi-érection permanente, avec contraction douloureuse de l'urètre ;

il n'avait jusqu'à présent entrepris aucun traitement. Je lui conseillai de commencer tout de suite les injections que je lui appris à faire moi-même (1).

8 mai. La difficulté d'uriner, ainsi que l'état de contraction de l'urètre, ont disparu. L'écoulement est sensiblement diminué. Il a fait près de vingt injections en quarante-huit heures. Je lui ordonnai de continuer les injections encore pendant une semaine, mais seulement trois fois par jour. Il n'est plus revenu me voir. J'ai su, deux mois après, qu'il avait guéri en peu de jours. Ce cas est remarquable par le degré d'inflammation et la sensibilité morbide de l'urètre. Le pénis était courbé comme un crochet. Autrefois, dans un cas de cette nature, j'aurais tiré vingt onces de sang du bras et vingt de la localité, et ce traitement n'aurait pas produit, bien assurément, une guérison si prompte et complète dans un espace de temps si court.

IVe. CAS. — Paris, 18 décembre 1832. M. G..., réfugié italien, vint m'appeler aujourd'hui pour aller visiter un de ses amis, habitant la rue Saint-Honoré, affecté depuis six jours de gonorrhée, et très-alarmé de sa situation, étant obligé de partir dans peu de jours pour Londres. Rendu chez lui, M. C..., âgé de vingt-six ans et d'une bonne constitution, se trouvait au lit tourmenté d'érection douloureuse et d'émission fréquente et pénible des urines. L'écoulement était abondant, l'urètre tendu et sensible à la plus petite compression. Il se plaignait d'une sensation de chaleur, qui du gland se prolongeait jusqu'au périnée. Je lui ordonnai de prendre un bain chaud tout de suite, et après commencer l'usage des injections, sans employer aucune autre substance médicinale.

(1) Je crois qu'il est de la plus grande importance d'enseigner aux malades la manière de faire les injections. J'ai observé dans ma pratique que plusieurs personnes avaient consommé plusieurs bouteilles sans obtenir de résultats, seulement parce qu'elles ne savaient pas injecter.

Le 23 je fus le voir. Il était bien ; il me dit qu'après avoir fait une ou deux injections, la douleur dans l'urètre, ainsi que l'envie fréquente d'uriner, s'étaient dissipées. Je lui conseillai de continuer les injections trois fois par jour. Le 30 décembre, M. Gola vint me voir de la part de son ami, pour me dire qu'il était parfaitement guéri, et que, voulant partir le lendemain pour Londres, il désirait emporter avec lui quelques bouteilles de la préparation, ce qu'il fit.

V^e. cas. — Paris, 18 mai 1827. Un jeune homme m'a attendu chez moi, pour ma rentrée du soir, jusqu'à onze heures. Il était affecté de gonorrhée depuis cinq jours. La verge était très-enflée, l'urètre tendu et douloureux, l'émission des urines fréquente et pénible, l'écoulement purulent, abondant. Cet individu avait eu l'opération de la circoncision ; il se tenait la verge bandagée avec beaucoup de linge, et même assez serrée. Il m'a semblé voir qu'il tenait beaucoup à ne pas laisser voir des taches sur sa chemise. Je lui donnai le conseil de supprimer tout bandage, de prendre immédiatement un bain chaud, puis faire usage tout de suite des injections, et les répéter toutes les quatre heures, ayant l'attention de retenir le liquide quatre ou cinq minutes dans l'urètre. Je lui recommandai aussi de ne pas marcher beaucoup et de diminuer de moitié sa nourriture.

22 mai. Le jeune homme est revenu me voir ; l'inflammation et l'écoulement étaient tout-à-fait terminés. Je lui conseillai de reprendre sa manière de vivre, et de ne plus faire d'injections que matin et soir, encore pour une semaine.

Ce cas est très-remarquable par le degré d'inflammation qui s'était développé. La verge avait trois fois le volume qu'elle présente aujourd'hui.

VIe. cas. — Paris, 6 avril 1833. Aujourd'hui M. K..., négociant italien, est venu me demander mon avis sur un écoulement avec sensation de démangeaison dans le gland, qu'il a depuis hier. Examiné, il présente écoulement abondant, avec rougeur et sensibilité au méat urinaire; l'émission des urines excite une sensation de chaleur tout le long de l'urètre. M. K... me disait qu'il ne pouvait pas comprendre comment il avait pu contracter la gonorrhée, n'ayant vu qu'une seule femme, deux jours avant, avec ce qu'on appelle vulgairement la *capote* ou *goldon*. Il était très-inquiet, étant très-occupé, et devant repartir dans une semaine pour l'Italie. Je lui conseillai de ne pas perdre du temps à faire des recherches, mais de commencer directement les injections, et les répéter toutes les quatre heures, pendant les jours de sa demeure à Paris. Ce que M. K... se soumit à faire sans perte de temps.

M. K... est venu me voir tous les jours. L'inflammation et l'écoulement avaient cessé le 9, c'est-à-dire après trois jours d'injections. Il est parti le jour après pour l'Italie.

M. K.... est revenu à Paris au commencement de septembre; il vint me voir et me remercier de l'avoir guéri si vite. Le voyage ne lui avait causé aucun désordre; il avait continué à faire quelques injections en route.

Les six cas de gonorrhée récente que j'ai indiqués, sont remarquables par le degré d'inflammation qui s'était développé, et dans la membrane muqueuse et dans les corps spongieux. L'*uretritis acuta* était, dans chacun de ces cas, assez caractérisé pour conseiller le traitement le plus énergique. Cependant cette inflammation a disparu plus promptement par l'application du remède dont je fais usage, de ce qu'on aurait pu raisonnablement espérer par l'emploi du traitement antiphlogistique (1).

---

(1) Tous les médecins connaissent la difficulté d'obtenir une prompte résolution dans les inflammations des parties membraneuses, telles que la peritonitis, la cistitis, etc.

Il me semble donc pouvoir dire avec assurance que l'inflammation urétrale, engendrée par la présence du virus gonorrhoïque, est d'une nature tout-à-fait différente des inflammations qui tirent leur source de l'état phlogistique du sang, ainsi que de l'orgasme du système artériel. Cette inflammation ressemble, à mon avis, à celle occasionée par la présence des corps étrangers dans les parties musculaires, et dont l'extraction arrête toujours la marche inflammatoire.

Quelques chirurgiens prétendent encore aujourd'hui que la gonorrhée est une maladie qu'il est dangereux de guérir trop vite, *parce que, disent-ils, une répercussion pourrait s'en suivre, qui pourrait donner naissance à une maladie beaucoup plus grave* (1). Mes observations à ce sujet m'ont fait voir tout le contraire. Il est toujours très-utile de déraciner au plus vite l'infection gonorrhoïque de l'urètre. J'ai vu bon nombre de gonorrhées récentes guérir en quatre ou six jours, sans qu'un seul individu ait éprouvé aucun des symptômes de la prétendue répercussion.

De la gonorrhée ou leucorrhée chez les femmes.

Je ne dirai que peu de mots sur la leucorrhée ou gonorrhée des femmes ; sa guérison est encore plus facile que chez l'homme ; la leucorrhée récente est reconnue par un écoulement épais, abondant, taches rouges et cuissons dans l'intérieur du vagin. L'émission des urines est le plus souvent douloureuse, on a beau laver les parties avec de l'eau tiède, deux minutes après elles sont de nouveau recouvertes d'une espèce de crême claire ; la marche est quelquefois pénible, elle entraîne facilement l'inflammation des parties extérieures.

(1) Duboucher, pag. 24.

Cas de leucorrhée récente.

Londres , 20 mai 1817.

M. C. me pria d'aller avec lui visiter une femme de chambre qui lui avait communiqué une gonorrhée. Arrivés près d'elle, et explorée, j'ai retrouvé l'intérieur du vagin très-chaud et recouvert de taches rouges. Elle se plaignait de fréquentes envies d'uriner et de fortes cuissons dans l'émission, l'écoulement était épais et abondant. Ayant porté avec moi une bouteille de préparation, je lui fis faire, en ma présence, des embrocations dans le vagin avec de la charpie trempée dans le liquide ; je lui ordonnai dans le même temps de les renouveler toutes les deux heures pendant trois ou quatre jours. Au troisième jour, mademoiselle n'avait plus ni écoulement ni cuissons, je lui recommandai tout de même de répéter encore pour quelques jours les embrocations matin et soir. J'ai vu plusieurs fois mademoiselle chez M. C., elle avait été enchantée de se voir guérie avec tant de facilité et en si peu de temps.

IIe. Cas. — Londres, 30 mai 1827. Une Anglaise, femme d'un mécanicien, est venue me voir pour se faire traiter d'un écoulement abondant qui lui était survenu vingt-quatre heures après avoir couché avec quelqu'un. Cette femme me disait avoir grand besoin d'être guérie le plus vite possible. Visitée, j'ai rencontré écoulement, chaleur et rougeur à l'intérieur du vagin, avec fortes cuissons dans l'émission des urines. Je lui ordonnai de prendre un bain chaud d'une heure, et de commencer après les embrocations au vagin en retenant de la charpie trempée dans la préparation pour plusieurs heures de suite. Trois jours après, la dame revint me voir pour savoir si elle pouvait voir un homme sans danger de lui communiquer la maladie; elle n'avait plus ni écoulement ni cuissons. Je lui conseillai tout de même d'éviter le coït encore pour

deux ou trois jours et répéter les embrocations. Cette dame
était parfaitement libre et rassurée de toute conséquence
une semaine après.

Cas de leuchorrées chroniques.

Londres , 20 juin 1828.

Mademoiselle W., danseuse , âgée de près de vingt-trois
ans, me fut adressée par un de mes amis, pour la traiter
d'un écoulement vaginal qu'elle avait depuis trois ans.
Explorée, elle présentait écoulement jaunâtre , épais, sans
chaleur ni rougeur dans le vagin , seulement on y remar-
quait trois excoriations de la largeur d'un centime près,
recouvertes d'une matière blanche qui s'en allait en
la touchant avec les doigts. Deux cautérisations et les
embrocations répétées chaque vingt-quatre heures, détrui-
sirent radicalement en vingt jours cet écoulement chronique qui avait résisté à plusieurs traitemens.

Deuxième cas de leucorrhée chronique.

Paris , 24 juillet 1832.

Madame M., garde-malade, qui avait assisté pendant
six mois un de mes cliens affecté d'artritis, et qui avait
entendu parler de mon invention, vint me voir aujourd'hui
accompagnée d'une femme qui avait contracté depuis
quatre mois une leucorrhée. Cette dame, ayant beaucoup
de répugnance à se soumettre à l'exploration , avait porté
avec elle du linge taché de la matière de l'écoulement. In-
terrogée si au commencement de la maladie elle avait
éprouvé des cuissons et de la peine dans l'émission des
urines , elle me répondit affirmativement. Je lui conseillai

alors de faire des embrocations au vagin, à six fois par jour, puis après une semaine revenir me voir.

Le 3o juillet la dame revint me voir pour me dire si elle devait continuer les embrocations. Son écoulement étant presque réduit à rien, je lui conseillai de les continuer encore une semaine, mais seulement matin et soir. Le 1o août madame vint de nouveau me consulter, il lui restait un petit écoulement, elle craignait surtout de communiquer la maladie à quelqu'un qui devait arriver dans peu de jours. Je lui dis qu'il était absolument nécessaire de se laisser explorer pour vérifier si jamais il y aurait eu quelques chancres. Explorée, elle présentait dans la partie inférieure latérale du vagin deux petites excoriations recouvertes de la mucosité blanchâtre que j'ai remarquée dans d'autres cas. Je les cautérisai tout de suite. Elle fut cautérisée encore une autre fois six jours après, et elle se trouva parfaitement guérie.

Remarques. — Les deux cas de leucorrhée chronique, que j'ai rapportés, ne laissent à mon avis aucun doute sur la nature de l'affection. L'écoulement était venu après le coït, il était accompagné de cuissons et d'émission douloureuse des urines. Les chancres ne développent jamais d'inflammations violentes à leur première apparition. Les ulcérations de nature siphilitique s'élargissent et présentent toujours des bords calleux. Telle n'était pas la nature des excoriations superficielles que j'ai observées dans les deux cas exposés.

M. L., médecin d'un établissement public de la capitale, ayant entendu parler des succès que j'avais obtenus avec la préparation en question, m'en demanda pour l'essayer sur une femme de trente-six ans, affectée d'un écoulement très-abondant et extrêmement fétide, qui était confiée à ses soins. L'infection était si offensive, qu'il était très-pénible de la panser. M. L. lui fit introduire dans le vagin une grosse mèche imprégnée de cette substance, qu'on renouvela quatre fois par jour. L'écoulement et la fétidité diminuèrent rapidement. Au bout de huit jours la malade était parfaitement rétablie.

Observations sur les écoulemens urétraux siphilitiques.

Iᵉʳ. CAS. — Londres, 26 juillet 1826. Un jeune homme italien, venu à Londres pour son amusement, contracta dans les premiers jours de son arrivée une gonorrhée qui fut suivie de bubon à l'une des deux aïnes, qui l'obligea de garder le lit près de quarante jours. M. avait été traité par un médecin anglais. Ne pouvant pas guérir d'un reste d'écoulement, me fit appeler chez lui pour voir si je pouvais le débarrasser de ce reste, désirant retourner en Italie en bon état de santé. Il y avait près d'un mois qu'il avait abandonné toutes sortes de traitemens et qu'il sortait tous les jours.

Visité, j'ai trouvé écoulement épais, jaune, sans tension de l'urètre ni inflammation à son orifice. Les urines venaient aisément. Il se plaignait seulement de sensation de chaleur au gland dans leurs émissions. Trois ou quatre des glandes inguinales étaient encore engorgées et du volume d'une fève, mais sans sensibilité morbide. Je fis observer au malade que malgré que je supposais que l'écoulement provenait d'un ulcère siphilitique dans l'urètre, que tout de même j'aurais désiré le soumettre aux injections pour m'assurer de la présence du virus gonorrhoïque. Les injections continuées pour six jours ne produisirent aucun résultat, je l'ai alors soumis à l'usage journalier du submuriat de mercure, d'après la formule suivante : ♃ *hydrargiri submuriati pulverati grœna ij. Sachori albi pulver. gr. x. misce. Dentur doses tales equales. xx. Sumat unam singulis diebus summa mane ante alimentum.* Après vingt jours il n'en prenait plus qu'une dose tous les deux jours. Au quarantième jour tout était terminé. Vers le vingtième jour du traitement l'ulcère s'était approché visiblement du méat urinaire, de manière à ne laisser plus de doute sur la nature de l'écoulement.

IIe. CAS. — Paris, 8 juin 1833. Un étranger qui loge à l'hôtel de Lyon, rue Grenelle-Saint-Honoré, m'a fait appeler chez lui ce matin pour avoir mon avis sur un écoulement urétral qui a résisté à l'usage des injections du médicament de mon invention. M. avait été guéri, il y a quarante jours, de plusieurs chancres au prépuce, il n'avait jamais eu d'écoulement urétral. Seulement, après avoir vu dernièrement une fille publique, il lui était survenu un écoulement contre lequel il avait employé les injections en question, mais sans résultat. Examiné, j'ai rencontré écoulement avec engorgement et sensibilité exaltée des glandes inguinales. Je lui conseillai de prendre deux bains tièdes par jour, pour deux ou trois jours, afin d'éviter le bubon, et dans ce même temps prendre chaque matin, à jeun, trois grains de submuriat de mercure et laisser pour quelques jours la nourriture animale et les exercices de la marche. L'irritation des glandes inguinales cessa au bout d'une semaine, après quoi il ne prit que quatre grains de submuriat tous les deux jours. Le traitement fut continué pour vingt jours, après quoi on ne lui donna plus qu'une dose de cinq grains chaque semaine. La guérison était complète à la moitié de septembre. L'ulcère siphilitique de l'urètre s'était avancé vers la fin de juin à l'orifice urétral.

Mes observations sur le traitement des chancres m'ont conduit à ne donner aux malades, pour les premières semaines, qu'une dose de submuriat par jour, réglé dans ses proportions, de manière à exciter un peu de mouvement intestinal, c'est-à-dire deux ou trois évacuations alvines journalières. Cette méthode n'excite jamais d'irritation mercurielle ni à la bouche ni au système cérébral.

IIIe. CAS. — Paris, 9 octobre 1833 M. W., homme de lettres, me fut adressé par M. Balin; ce malade me disait avoir contracté, il y a un an, une gonorrhée très-bénigne, contre laquelle il n'avait employé aucun traitement médical. L'écoulement n'a jamais été abondant; mais comme cet état morbide lui fait craindre des conséquences fâcheuses, il s'est adressé à M. Balin, qui lui conseilla les injections de mon médicament, qu'il fit en effet, mais sans résultat. Je l'examinai, il présentait léger écoulement sans tension de l'urètre ni rougeur du méat urinaire. Les glandes inguinales des deux côtés étaient engorgées et sensibles à la compression. Je lui conseillai de commencer tout de suite l'essai du submuriat de mercure, et de prendre quelques bains chauds afin d'ôter le danger de voir quelques-unes des glandes engorgées se changer en bubons, l'écoulement urétral n'étant que l'effet de la présence d'un petit chancre dans l'urètre. Je n'ai plus entendu parler de ce M. Je suis persuadé que dans quarante ou cinquante jours tout était terminé.

Les symptômes caractéristiques de l'écoulement urétral siphilitique sont ainsi : écoulement modéré et constamment uniforme, manque de tension et de sensibilité morbide de l'urètre, avec engorgement permanent des glandes inguinales. Dans la plupart des cas, le chancre est tout près de l'orifice urétral. Les injections de la préparation en question produisent toujours, dans les cas de cette nature, une sensation extrêmement douloureuse qui pourtant n'a pas de suite. Il y a aussi des cas, mais très-rares, où les deux infections se trouvent réunies à la fois. Il faut alors commencer par les injections, puis faire suivre l'usage du submuriat de mercure.

De l'écoulement prostatique.

Je n'ai enregistré qu'un seul cas de cette nature depuis que je suis dehors de l'Italie ; il m'est arrivé de l'observer dans les derniers jours de mon séjour à Londres.

Londres, 28 juin 1830. — M. H., Anglais, professeur de musique, ayant entendu parler de mon spécifique contre la gonorrhée, est venu aujourd'hui me consulter s'il pouvait s'en servir dans un cas d'écoulement qu'il avait depuis quatre mois. Examiné, j'ai retrouvé écoulement abondant, clair comme une solution légère de gomme arabique, l'urètre sans tension ni douleur, seulement une espèce de tumeur au périnée lui donnait quelque peine en marchant. Il avait suivi pendant plusieurs mois différens traitemens, mais sans utilité. L'écoulement et la douleur au périnée augmentaient s'il montait à cheval. Je lui fis observer que les injections n'auraient peut-être conduit à aucun résultat, parce que l'écoulement ne paraissait pas avoir le caractère gonorrhoïque, mais que pourtant il n'y avait rien à craindre de son application, même on aurait en quelque manière mis plus à découvert la nature de l'affection.

M. H. s'est soumis aux injections, mais sans effet. Il les a continuées pendant six jours. Il est revenu me voir. Tout était en *statu quo*. Il m'a apporté du linge couvert de taches d'écoulement, elles ne présentaient ni relief ni la couleur gonorrhoïque. La tumeur du périnée était dans le même état. Je l'ai conseillé de prendre journellement un bain chaud avec du sulfure ammoniacal, et de faire une friction mercurielle au périnée tous les deux jours. Je suis parti quelques jours après pour la France.

D'après les différentes observations que nous avons rapportées sur la nature des différens écoulemens de l'urètre et sur les moyens employés pour la prompte guérison de chacune des espèces sus-mentionnées, nous pourrons conclure que tous les doutes relatifs à l'hétérogénéité des virus gonorrhoïques et siphilitiques doivent cesser entièrement, étant prouvé, jusqu'à la dernière évidence, que le virus gonorrhoïque n'attaque jamais le système limphatique ni les os, mais tout simplement l'urètre, et principalement sa membrane muqueuse (1), quand, au contraire,

____

(1) Nous croyons que la strangurie et l'orchitis qu'on observe survenir

le virus siphilitique ne manque jamais de se répandre dans le système limphatique, et ensuite d'attaquer tout l'organisme animal.

Les observations de Charles Bell., sur la nature du virus gonorrhoïque, correspondent tout-à-fait avec ce que nous avons observé dans les nombreux cas de gonorrhées chroniques qui ont été confiés à nos soins.

Quant à la nature de la préparation qui forme le sujet de nos observations, nous croyons devoir encore pour quelque temps refuser de communiquer au public sa composition.

Nous vivons dans une époque où toutes les distinctions sociales tirent leur source uniquement de la propriété. Il est donc de toute justice que chacun fasse de sa propriété ce que bon lui semble.

Dans d'autres temps, l'individu, qui se dédiait à l'étude des sciences médicales, et qui, après de longs et pénibles travaux, obtenait certains degrés scientifiques, jouissait, d'après la loi, de plusieurs distinctions et priviléges qui le dédommageaient, en quelque manière, des fatigues et des sacrifices qu'il avait soutenus.

La civilisation moderne a pensé détruire toutes ces sortes de priviléges. L'exercice des sciences médicales a été considéré comme l'exercice d'une industrie, et comme telle on l'a soumise aux patentes taxées, etc. La situation de médecin serait ainsi inférieure à celle d'un mécanicien, d'un fabricant, qui peut jouir en paix, au milieu de la communauté, des profits de ses inventions sans être taxé de charlatan, d'homme avare et insatiable.

En Angleterre comme en Amérique, chacun peut avoir une école de médecine, et, à l'instar des Grecs, établir dans sa maison propre le porticus scolastique. Son exer-

___

quelquefois à la gonorrhée, ne sont que le résultat de la propagation du procès inflammatoire de l'urètre.

cice même n'est plus soumis à aucune des entraves que les lois avaient établies. C'est à l'individu qui a besoin des conseils d'un médecin de choisir celui qui lui semble avoir plus d'instruction ou de capacité.

L'opinion publique le lui indique toujours, et c'est bien rare qu'elle ne soit pas acquise aux hommes de haute capacité. La même chose arrive relativement à la propriété des médicamens secrets. C'est toujours au jugement public qu'il appartient de décider de leur utilité. La loi ne se mêle en rien dans cette sorte de relation.

De longues recherches m'ont persuadé de la justesse de l'axiome de la moderne école économique, qui dit que, *moins les transactions sociales sont contrôlées ou entravées par l'intervention de la loi, plus de bien il en résulte pour la communauté.*

Nous nous sommes entretenu un peu plus de ce que nous avions désiré sur cet article des inventions et des capacités supérieures, parce que cette matière forme depuis quelque temps le sujet d'une discussion peut-être trop passionnée, et de la part du public et de la part d'un grand nombre de médecins de la capitale. Le premier, en condamnant trop légèrement les hautes rétributions réclamées par des hommes éminemment supérieurs dans les connaissances médicales en récompense de leurs travaux, et les seconds voulant attribuer l'inégale répartition de demandes de travail médical à l'influence des remèdes secrets.

FIN.

TABLE DES MATIÈRES.